发现身边的科学
FAXIAN SHENBIAN DE KEXUE

一起玩空中"冲浪"

王轶美　主编

贺杨　陈晓东　著　上电一中华"华光之翼"漫画工作室　绘

U0181739

中国纺织出版社有限公司

咚咚："快看呀！我的风筝飞得真高！"

妈妈："你要小心点儿啊，小心风筝线挂在树上了……"

　　风筝是中国的传统手工艺品，放风筝也是从古至今许多人选择的一项户外活动，在户外放风筝，需要手、脚、眼、脑并用，是一项有益于身心健康的户外运动。

妈妈的话音还没落，咚咚的风筝线便挂到树枝上去了。经过爸爸好一番努力，风筝终于取了下来，可是却不能飞了，咚咚很失落。

你的风筝为什么很难上天？

　　风筝飞上天有两个必要的条件：第一是得有风，第二是需要有提线的牵引。但有时候这些条件都具备的情况还是很难放飞，这就要了解风筝起飞的过程了。首先，地表风速通常小于高空，所以放飞时一般要助跑；其次，要让风筝与水平面保持一个倾斜的角度，这个角度又叫迎角，这样风筝就可获得向上的升力。在放飞过程中，根据风速大小，通过"放线"和"收线"来控制风筝的受力情况，使得风筝在空中保持一定的飞翔状态。

爸爸："咚咚，下次我们一定要注意安全了。别灰心，爸爸带你玩一个空中冲浪游戏。"

咚咚："真的啊，太棒了！"

爸爸："首先，我们需要制作一个特殊的飞行器。"

咚咚："特殊？有多特殊呢？"

爸爸："就是一架会翻滚的'飞机'。"

妈妈："别开玩笑了，我们可是在公园，怎么制作啊？"

爸爸："这不是问题，我们只需要一张纸，咚咚，帮我在包里拿一张纸来。"

咚咚："好嘞！"

爸爸："接下来，我要用笔在纸上画一个设计图。"

妈妈："看你的设计图，可没有一点儿像飞机呢！"

咚咚："我也觉得！"

爸爸："我就知道你们会这样说，事实上，它确实不像飞机，但是可以飞！"

妈妈："那我们就拭目以待吧。"

各种类型的纸飞机

纸飞机是孩子们最常见的玩具，看似普通简单，却蕴含了很多科学与工程的原理。所以纸飞机有一个"高大上"的学名：自主动力空气动力学物理模型。爱好者们通过改变纸飞机的折叠方式，钻研出各式各样的纸飞机。例如：滞空机的特点是在空中停留时间比较长；距离机的特点是在空中滑行的距离比较远；仿真机外观逼真，和真实飞机更像；还有一种外形模仿各种生物的仿生机。

滞空纸飞机

距离纸飞机

仿真纸飞机

仿生翠鸟纸飞机

爸爸："我们沿刚刚画好的线将它裁下来，没有剪刀，可以用小卡片来辅助裁切，一定要细心。接下来按照虚线将两侧一上一下地翻折。最后，将两头的翼向上折起。这就大功告成了！"

制作步骤

1.

取一张轻薄的纸（比如宣纸等），裁剪成长约20厘米、宽约5厘米的长条；

2.

将纸条长边一侧向下折，另一侧向上折；

3.

向上折

翼　　　　　向下折

在两端4厘米处向同一侧折至90度位置，形成两翼；

4.

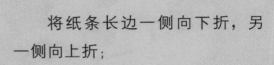

完成后，先试飞，将翻滚纸翼拿高后自由下落，观察纸翼是否向前倾斜翻滚掉落，如果不是，请重新调试。

咚咚："这就好啦？怎么飞呢？"

爸爸："接下来我们就开始玩空中冲浪了！咚咚，帮我把包里的文件夹拿出来。"

咚咚："好的！"

爸爸："我们把文件夹斜着朝向前方，再把咱们的飞行器轻轻地从上方放下，同时开始缓缓地往前走，你快看！"

咚咚："哇！它竟然翻滚起来了！"

爸爸："是的，这其实叫翻滚翼，在文件夹板向前推进的过程中形成了上升气流，这个上升气流带动翻滚翼一直翻滚，保持动态平衡，所以就不容易掉下来啦！你也试试吧！"

翻滚小技巧

当翻滚翼从空中释放后，举起一张足够大的纸板，纸板上侧稍微向胸前倾斜，稳步向前走动，这就可以在翻滚翼的下方提供稳定的气流，使翻滚翼保持更长时间飞行。行走中需要根据翻滚翼的运行状态不断调整纸板的角度和行走的速度。

航空器 与 航天器

人类把在大气层内或大气层外空间飞行的器械或者人造物体都叫做飞行器，从人类向往飞行开始，世界上已经有了各种各样的飞行器。一般飞行器分为三类：航空器、航天器、火箭与导弹。在大气层内飞行的称为航空器，如气球、飞艇、飞机等。它们靠空气的静浮力或空气相对运动产生的空气动力升空飞行。

还有一种在太空飞行的称为航天器，如人造地球卫星、载人飞船、空间探测器、航天飞机等。它们是利用必要的推动速度进入太空，然后依靠惯性做与天体类似的轨道运动。

进阶版

翻滚翼飞行器

1. 在宣纸上裁剪两个直径约为5厘米的圆形；

2. 再裁剪一个长约15厘米、宽约5厘米的长方形纸条，将两侧边缘朝相反的方向折起；

3. 用胶水将两个圆形纸片粘在纸条两侧，晾干；

4. 找一个宽大的纸板进行测试。

拓展与实践

请你试着做一个翻滚翼吧！要想在空中飞行更久，不仅要制作精巧，还要不断练习飞控技术，赶快和同伴挑战谁的翻滚翼保持飞行时间更长吧。

绘图：查筱菲　王悦　余宛泇　潘晓燕　黄郁璇

准备工具

扫一扫
观看实验视频

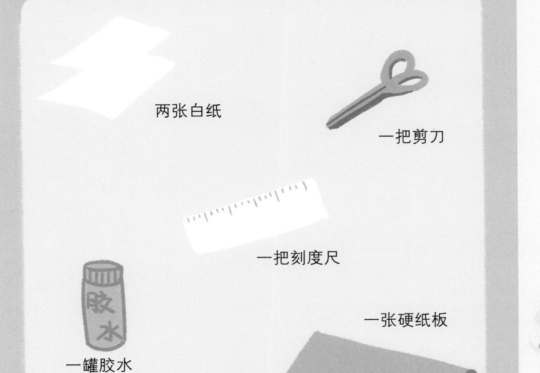

两张白纸

一把剪刀

一把刻度尺

 胶水

一罐胶水

一张硬纸板

图书在版编目（CIP）数据

发现身边的科学 . 一起玩空中"冲浪" / 王轶美主编；贺杨，陈晓东著；上电 – 中华"华光之翼"漫画工作室绘 . -- 北京：中国纺织出版社有限公司，2021.6

ISBN 978-7-5180-8347-3

Ⅰ . ①发… Ⅱ . ①王… ②贺… ③陈… ④上… Ⅲ . ①科学实验—少儿读物 Ⅳ . ① N33-49

中国版本图书馆CIP数据核字（2021）第022975号

策划编辑：赵 天　　特约编辑：李 媛
责任校对：高 涵　　责任印制：储志伟　　封面设计：张 坤

中国纺织出版社有限公司出版发行
地址：北京市朝阳区百子湾东里 A407 号楼　邮政编码：100124
销售电话：010—67004422　传真：010—87155801
http://www.c-textilep.com
中国纺织出版社天猫旗舰店
官方微博 http://weibo.com/2119887771
北京通天印刷有限责任公司印刷　各地新华书店经销
2021 年 6 月第 1 版第 1 次印刷
开本：710×1000　1/12　印张：24
字数：80 千字　定价：168.00 元（全 12 册）